Bibliografische Information der Deutschen Nationalbibliothek:

Die Deutsche Bibliothek verzeichnet diese Publikation in der Deutschen National-
bibliografie; detaillierte bibliografische Daten sind im Internet über http://dnb.d-
nb.de/ abrufbar.

Impressum:

Copyright © 2018 GRIN Verlag
Druck und Bindung: Books on Demand GmbH, Norderstedt Germany
ISBN: 9783668896253

Dieses Buch bei GRIN:

https://www.grin.com/document/456288

Michael Witt

Komplexverbindungen von Kunststoffen

Über Polymerkomplexe und Polymere Komplexe

GRIN Verlag

Leitfach Chemie

Thema

Komplexverbindungen von Kunststoffen

Witt, Michael

Inhaltsverzeichnis

1 Makromolekulare Komplexe vom Naturstoff zum Kunstprodukt 3

2 Kunststoffkomplexe: Was ist das? 4

    2.1 Polymerkomplexe 4

        2.1.1 Aufbau 4

        2.1.2 Herstellung 5

    2.2 Polymere Komplexe 5

        2.2.1 Aufbau 5

        2.2.2 Herstellung 6

  3 Versuche 6

    3.1 Versuche mit einem Polyamid-Eisen(III)-Komplex 6

        3.1.1 Darstellung per Grenzflächenkondensation 6

        3.1.2 Ermittelung der Verhältnisformel 7

        3.1.3 Eigenschaften dieses Komplexes 8

            3.1.3.1 Beschreibung 8

            3.1.3.2 Löslichkeit in organischen Lösemitteln 8

            3.1.3.3 Redoxverhalten 8

            3.1.3.4 Verhalten gegenüber Liganden 9

            3.1.3.5 Verhalten im sauren oder basischem Milieu 10

    3.3 Polyamid-Komplexe mit anderen Metallionen 11

4 Zusammenhang zwischen Bindungsstärke und dem Aufbau des Liganden 11

5 Anwendungen 12

    5.1 Schwermetallfilter 12

    5.2 Mechanisch feste Lösungen 13

    5.3 Aufbewahrung von Stoffen 14

    5.4 Nass formbare Duroplaste 15

6 Zusammenfassung 15

7 Anhang 17

8 Literaturverzeichnis 20

1 Makromolekulare Komplexe vom Naturstoff zum Kunstprodukt

In der Natur sind Komplexe, die einen oder mehrere makromolekulare Liganden enthalten, weit verbreitet. Die Mehrzahl aller Enzyme zählt dazu und auch viele andere, für das Leben in seiner heutigen Form notwendige Verbindungen, wie der Blutfarbstoff Hämoglobin, der für unsere Atmung nötig ist, oder das Chlorophyll ohne das es keine Grünpflanzen und somit keine höheren Lebewesen geben könnte. Diese Stoffgruppe ist dermaßen erfolgreich und vielseitig, da liegt es nahe auch natürlicherweise nicht vorkommende Vertreter zu untersuchen.

Dazu zählen Komplexe, die ein Polymer darstellen, aber auch Komplexe mit unregelmäßigen Liganden, die sich nicht aus vielen gleichen Monomeren zusammensetzen lassen. Erstere sind wesentlich leichter künstlich herzustellen und damit für die Forschung interessanter.

Sie lassen sich noch weiter unterteilen: In Kunststoffkomplexe, deren Polymer in der Natur nicht vorkommt und Komplexe natürlicher Polymere, welche in der Natur nicht als Komplexligand auftauchen.

Diese Arbeit befasst sich ausschließlich mit Kunststoffkomplexen.

Zunächst wird diese Klasse von Stoffen noch einmal in zwei Gruppen unterteilt, von denen eine schwerpunktmäßig behandelt wird und von anderen metallorganischen Verbindungen abgegrenzt werden. Dann wird exemplarisch ein Vertreter, seine Synthese und seine Eigenschaften anhand von Experimenten detailliert vorgestellt.

Danach wird hergeleitet wie die Bindungsstärke einer Komplexbindung von der Beschaffenheit des Liganden abhängt und schließlich einige mögliche Anwendungen für diese Stoffgruppe dargelegt.

Abschließend wird eine knappe Zusammenfassung folgen.

2 Kunststoffkomplexe: Was ist das?

Kunststoffkomplexe sind metallorganische Verbindungen, bei denen die Metallatome oder Ionen ausschließlich über donative Elektronenbindungen mit organischen Teilen eines Polymeres verknüpft sind.

Zunächst einmal muss man zwei Gruppen unterscheiden:

Komplexe, die ein oder mehrere Polymere als Liganden enthalten	Makromoleküle, die aus vielen monomeren Liganden bestehen, die über Zentralteilchen koordinativ verknüpft sind
Polymerkomplexe koordinierte Polymere Komplexe mit polymeren Liganden	Polymere Komplexe Koordinationspolymere polymere Komplexe aus monomeren Liganden

Anmerkung: Die obigen Bezeichnungen wurden vom Autor festgelegt, da in der Literatur keine einheitlichen Bezeichnungen verwendet wurden.

2.1 Polymerkomplexe

2.1.1 Aufbau

Jeder Polymerkomplex enthält ein Polymer, welches donative Elektronenbindungen einzugehen vermag. Dazu muss die Repetiereinheit mindestens ein Atom mit mindestens einem freien Elektronenpaar aufweisen. Das kann entweder im Hauptstrang, meist innerhalb der die Monomere verbindenden funktionellen Gruppe, oder einer Seitenkette lokalisiert sein. Letzteres hat den Vorteil, dass funktionelle Gruppen freier gewählt werden können und somit mehr Möglichkeiten bestehen das Polymer speziell für einen bestimmten Einsatz anzupassen. Ersteres hingegen ermöglicht zumindest theoretisch eine höhere Koordinationsdichte, da kein zusätzlicher Hauptstrang mehr nötig ist, der keine Metallionen binden kann. Allerdings ist es nicht unwahrscheinlich, dass solche Polymere aus sterischen Gründen nicht signifikant mehr Metallionen binden können. Als Zentralteilchen kommen hier alle Metallatome oder Ionen infrage, die Komplexbindungen ausbilden können. Vor allem Übergangsmetallionen sind für viele Anwendungen interessant.

Die Metallionen können vom Polymer getrennt oder durch andere ersetzt werden, ohne dass das Polymer dadurch Schaden nimmt. Es kann also ähnlich wie ein Ionentauscher be- und entladen werden.

2.1.2 Herstellung

Polymerkomplexe können auf zwei prinzipiell unterschiedlichen Wegen hergestellt werden. Einerseits können Metallionen in ein fertiges, in einem geeigneten Lösemittel gelöstes oder geschmolzenes Polymer eingebracht werden. Dazu wird der Kunststoff in einem mit Wasser mischbarem Lösemittel gelöst und das Ganze dann mit einer Metallsalzlösung versetzt. Dabei muss dafür gesorgt werden, dass der Kunststoff nicht gleich wieder ausfällt. Unter Umständen kann das Salz auch direkt im gleichen Lösemittel gelöst werden wie der Kunststoff.

Andererseits kann das Polymer auch in Anwesenheit der Metallionen synthetisiert werden. Das bietet sich vor allem für lösemittelbeständige, hochschmelzende Kunststoffe an. Dieser Ansatz wurde für die Herstellung des Polyamid-Eisen-Komplexes in 3.1.1 verwendet.

2.2 Polymere Komplexe

2.2.1 Aufbau

Im Gegensatz zu Polymerkomplexen enthalten Polymere Komplexe keine Polymere als Bausteine. Durch Entfernen der Metallionen wird das Polymer zerstört und es liegen nur noch einzelne potenzielle Liganden vor. Diese Liganden müssen bestimmte strukturelle Eigenschaften aufweisen: Sie müssen mindestens zweizähnig sein, sonst ist die Bildung von Makromolekülen nicht möglich.

Durch Verwendung von dreizähnigen Liganden erhielte man ein vernetztes Polymer, einen Duroplasten. Die Verwendung von Liganden mit noch mehr Bindungsmöglichkeiten erscheint nicht sinnvoll.

Außerdem muss sichergestellt sein, dass die beiden (oder drei) Komplexbindungen nicht zum selben Zentralteilchen laufen. Das erreicht man durch starre Verbindungsstücke zwischen den beiden funktionellen Gruppen oder Atomen, Doppelbindungen oder aromatische Ringe.

Auch hier kommen zunächst alle Metallatome oder Ionen infrage, die mindestens zwei donative Bindungen eingehen können. Außerdem muss die Bindung eine gewisse Stärke haben, was nicht bei allen Ligand-Zentralteilchen-Kombinationen gegeben ist.

Besonders Werkstoffwissenschaftler untersuchen zur Zeit Polymere Komplexe beispielsweise für neuartige Oberflächenbeschichtungen.

Silke Winter etwa hat in ihrer Doktorarbeit, untersucht wie man aus zweizähnigen Liganden und Metallionen Koordinationspolymere mit einer genau definierten räumlichen Struktur herstellen kann.[1]

2.2.2 Herstellung

Zur Synthese von Polymeren Komplexen lässt man einfach die gewählten Liganden mit dem gewünschten Metallsalz an einer Grenzfläche reagieren. Hier muss lediglich darauf geachtet werden, dass keine anderen, eventuell stärkeren Liganden in Reaktionsraum anwesend sind. Dabei kann die durchschnittliche Kettenlänge über Reaktionsparameter, welche die Reaktionsgeschwindigkeit beeinflussen, eingestellt werden.

3 Versuche

3.1 Versuche mit einem Polyamid-Eisen(III)-Komplex

3.1.1 Darstellung per Grenzflächenkondensation

Zur Herstellung eines Polyamid-Eisenkomplexes und Polyester-Eisenkomplexes wurde zunächst versucht Polyamid/Polyester in Lösung zu bringen, um sie dann mit Eisen(III)-chloridlösung zu mischen. Diese Kunststoffe sind jedoch in allen gängigen Lösemitteln unlöslich, sodass sich dieser einfache Ansatz für sie als nicht praktikabel herausstellte. Für einige andere Kunststoffe, zum Beispiel Polystyrol, ist er aber geeignet.
Deshalb wurde das Polyamid in Anwesenheit von Eisenionen frisch hergestellt, per Grenzflächenkondensation. Eine wässrige Lösung von 0,02 mol Butandisäure, auch Bernsteinsäure genannt, und Eisen(III)-chlorid wurde mit 0,02 mol in Benzin gelöstem Diaminohexan überschichtet. An der Phasengrenze bildete sich sofort ein orangeroter Feststoff, der sich im oberen Bereich der wässrigen Phase aufhielt, und keine klare Grenze zur darunter stehenden Lösung aufwies. Das Reaktionsgemisch wurde noch etwa 45 Minuten mit einem Glasstab langsam gerührt um einen vollständigen Umsatz der Edukte zu gewährleisten. Danach wurde der entstandene Feststoff abfiltriert.
Siehe Abb. 1

1) [2] 1-10.

3.1.2 Ermittelung der Verhältnisformel

Der Versuch wurde mehrmals mit verschiedenen Eisenmengen wiederholt.

Das Filtrat wurde aufgefangen und sein Gehalt an Eisen, coulometrisch bestimmt.

Eine Titration hätte, für derart niedrige Konzentrationen, keine ausreichend genauen Ergebnisse geliefert.

Tab.1: Eisengehalt des Polyamid-Eisen-Komplexes

$FeCl_3$ zugegeben (mol)	$FeCl_3$ in Lösung (mol)	$FeCl_3$ in Komplex (mol)
0,01	0,0006	0,0094
0,1	0,019	0,081
0,1	0,023	0,077
0,1	0,021	0,079
0,1 gemittelt	0,021	0,079

Das heißt pro 0,04 mol Amidfunktionen werden 0,079 mol Eisen(III)-Ionen gebunden, also fast doppelt so viele.

Das passt sehr gut zur Theorie. Eine Amidfunktion enthält 3 freie Elektronenpaare, davon sitzen allerdings zwei an demselben Sauerstoffatom, sodass höchstens eine davon eine Komplexbindung eingehen kann. Man würde also 0,08 mol erwarten.

Das Polyamid bindet dabei an beiden Bindungsstellen, gemäß den Voraussetzungen aus Kapitel 4, fester an die Ionen als Wasser.

Durch den Eisenüberschuss können Mehrfachbindungen eines Metallions an die Amidgruppen fast vollständig verhindert werden, deswegen fällt der Unterschied zwischen Theoriewert und dem praktisch ermitteltem Wert so gering aus.

Des Weiteren ist bemerkenswert, dass Eisen(III)-chlorid die Amidkondensation katalysiert. Ohne Eisen(III)-chlorid läuft dieselbe Reaktion nicht oder nur extrem langsam ab.

Möglicherweise lässt sich dieser Effekt auf die Wirkung des Eisenions als Lewis-Säure zurückführen. Komplexbildende Teilchen nehmen wie alle Lewis-Säuren Elektronenpaare auf. In diesem Fall scheint sich ein Komplex aus Bernsteinsäure und den Eisenionen zu bilden, in dem ein Elektronenpaar eines Sauerstoffatoms der Carboxygruppe in eine Bindung an das Eisenion abgegeben wird. Dadurch verringert sich die Elektronendichte an der Carboxygruppe, sodass diese leichter nukleophil angegriffen werden kann.

3.1.3 Eigenschaften dieses Komplexes

3.1.3.1 Beschreibung

Bei dem hergestellten Polyamid-Eisen-Komplex handelt es sich um einen rotbraunen
Feststoff. Im wasserfreien Zustand zeigt er Eigenschaften eines Duroplasten, er ist
spröde, hart, nicht transparent, und verkohlt bei Temperaturen von über 300 Grad
Celsius. Nicht komplexiertes Polyamid wie Nylon 6.6 schmilzt bei Temperaturen
zwischen 220 und 260 Grad Celsius.[2]
Gibt man Wasser dazu wird er weich, transparent und klebrig, verhält sich also eher wie
ein Thermoplast. Die Farbe wird ein wenig heller und ähnelt der von Eisen(III)-
chloridlösung, ist allerdings etwas röter. Er lässt sich gut in Wasser suspendieren, setzt
sich aber bald am Boden des Gefäßes ab. Zudem ist der Komplex in der Lage das 11,7-
fache seines Eigengewichtes an Wasser zu absorbieren. Im wasserhaltigen Zustand leitet
er elektrischen Strom etwa so gut wie eine konzentrierte Eisenchloridlösung.
Siehe Abb. 2 und Abb. 3

3.1.3.2 Löslichkeit

Der Polyamid-Eisen-Komplex ist unlöslich in Wasser, zeigt sich aber deutlich
hydrophil.
In allen anderen getesteten Lösemitteln (Aceton, Essigsäureethylester, Ethanol,
Ameisensäure, Eisessig, Benzin, Chloroform) ist er ebenfalls nicht löslich.

3.1.3.3 Redoxverhalten

Der Komplex nimmt an Redoxreaktionen teil, er verhält sich wie gelöstes Eisenchlorid.
Konkret wurde er mit Zinn(II)-chlorid in heißer, salzsaurer Lösung reduziert, was durch
eine nahezu komplette Entfärbung angezeigt wurde und anschließend mit
Kaliumpermanganat rückoxidiert. Die Farbe schlägt dann wieder ins Rotbraune, nicht
ins Violette.
Außerdem oxidiert der Komplex metallisches Kupfer.

2) Vgl. [5] Kapitel 3 Eigenschaften.

3.1.3.4 Verhalten gegenüber Liganden

Da die Eisenionen in diesem Polyamid-Eisen-Komplex jeweils nur über eine Komplexbindung an den Kunststoff gebunden sind, existieren noch viele freie Bindungsstellen für Liganden, die in der suspendierten Form zunächst mit Wasser besetzt sind. Gibt man einen Liganden dazu, lagert sich dieser an den Eisenionen an und die Suspension ändert in einigen Fällen ihre Farbe.

Tab.2:

Färbung des Polyamid-Eisen-Komplexes in Anwesenheit verschiedener Liganden

Ligand	Farbe	Farbe ohne Polyamid	Auswaschung des Eisens
Ammoniak	Schwarz	Schwarz	ja
Chlorid	Gelb	Gelb	nein
Thiocyanat	Rot	Rot	nein
Wasser	Rotbraun	Rotbraun	nein

Siehe Abb. 4

In den meisten Fällen beeinflusst der Polyamidligand die Farbe nicht oder nur sehr wenig.

Der ammoniakhaltige Komplex ist nur in einen sehr schmalen pH-Fenster und bei deutlichem Ammoniaküberschuss stabil, es muss nämlich Ammoniak nichtprotonierter Form vorliegen, gleichzeitig darf aber der pH-Wert nicht so hoch sein, dass Eisenhydroxid ausfällt.

Außerdem ist Ammoniak als einziger getesteter Ligand stark genug um die Eisenionen von Polyamid wegzureißen.

Um das zu testen wurde der Kunststoffkomplex aus jeder Probelösung abfiltriert und die Lösung anschließend coulometrisch auf Eisenionen untersucht.

3.1.3.5 Verhalten im sauren oder basischen Milieu

Konzentrierte Säuren greifen den Komplex sofort an und hydrolysieren das Polyamid in weniger als einer Minute vollständig. Verdünnte Säuren oder konzentrierte Laugen benötigen etwa fünf bis zehn Minuten. Verdünnte Laugen scheinen keine oder nur langsame Hydrolyse hervorzurufen. Schwächere Basen wie Natriumcarbonat und Natriumhydrogencarbonat hydrolysieren den Kunststoff auch in konzentrierter Lösung nicht.

In einem Reagenzglas wurden zu einer kleinen Portion des Polyamid-Eisen-Komplexes jeweils zehn bis zwanzig Milliliter verschiedener Säuren und Laugen gegeben.

Tab.3: Hydrolyseverhalten unter Einwirkung verschiedener Säuren und Laugen

Stoff	Hydrolyse trat nach Minuten ein
Salzsäure verdünnt	6
Salzsäure konzentriert	0,5
Schwefelsäure verdünnt	4
Kalilauge verdünnt	nicht
Kalilauge konzentriert	8
Natronlauge verdünnt	nicht
Natronlauge konzentriert	8
Ammoniaklösung verdünnt	nicht
Ammoniaklösung konzentriert	nicht
Natriumcarbonatlösung konzentriert	nicht
Natriumhydrogencarbonatlösung konzentriert	nicht

„nicht" bedeutet: Der Komplex zersetzte sich innerhalb von 30 min nicht in einem mit bloßem Auge eindeutig erkennbaren Maß. Im Zeitraum von mehreren Tagen hydrolysiert er sich, zum teil selbst in reinem Wasser.

3.3 Polyamidkomplexe mit anderen Metallionen

Natürlich kann nicht nur Eisen als Zentralion für Polymerkomplexe verwendet werden. Um Komplexe anderer Ionen herzustellen, wurden verschiedene Metallsalze mit dem Polyamid-Eisen-Komplex vermischt. In einigen Fällen (Aluminium, Mangan(II), Kupfer(II)) fand eine Substitution statt, vollständig oder teilweise, diese Metallionen binden stärker oder etwa gleichstark an das Polyamid wie Eisenionen, in anderen Fällen (Molybdat, Zink) nicht. Dies wurde gemessen, indem die Lösungen nach Abfiltrieren des Komplexes mit Thiocyanat und Blutlaugensalz auf Eisen getestet wurden.
Siehe Abb. 5 und Abb. 6

4 Zusammenhang zwischen Bindungsstärke und dem Aufbau des Liganden

Für viele Anwendungen ist es erforderlich Polymere zu entwickeln, welche Metallionen möglichst sicher binden. Wie stabil ein Teilchen an einen Ligand gebunden ist, hängt im wesentlichen, neben der Stärke der ionischen Wechselwirkung zwischen Ligand und Zentralteilchen, von der donativen Bindung selbst ab. Um diese abzuschätzen nehmen wir gemäß dem Lewis-Säure-Base-Konzept an: Die Bindungsenergie ist umso höher je weiter sich die Elektronenverteilung in der geknüpften Bindung von der im Grundzustand, bei gelöster Bindung, unterscheidet. Das bedeutet die Bindung ist umso stärker je höher der Anteil des Zentralteilchens an dem Bindungselektronen ist. Das ist der Fall wenn:

- Das Zentralteilchen möglichst elektronegativ ist
- Das Atom, welches noch an der donativen Bindung beteiligt ist, eine möglichst geringe Elektronegativität aufweist
- Es möglichst stark negativ teilgeladen ist, also von möglichst elektronenschiebenden Atomen oder Gruppen umgeben ist oder selbst eine negative Ladung trägt
- Der Ligand eine oder mehrere negative Ladungen trägt, welche mit dem in der Regel positiv geladen Zentralteilchen wechselwirken können. Die Ladungen aller an ein Zentralteilchen gebundenen Liganden zusammengenommen sollte aber niemals größer sein als die seinige, die Liganden würden sich sonst gegenseitig abstoßen

5 Anwendungen

5.1 Schwermetallfilter

Viele Schwermetalle sind bekanntermaßen giftig. Um zu vermeiden, dass sie in die Umwelt freigesetzt werden, müssen vor allem belastete Abwässer gefiltert werden. Für kleine Mengen mit relativ hoher Schwermetallkonzentration ist dies schon seit einiger Zeit effizient möglich, etwa durch Fällung.

Für große Volumina bei sehr geringer Konzentration, wie sie zum Beispiel im aufbereiteten Wasser von Kläranlagen zu finden sind, die trotzdem einen erheblichen Anteil des Schwermetalleintrags in Gewässer verantworten müssen, gibt es aber zur Zeit kein wirtschaftliches Verfahren.

Die einzig sinnvolle Möglichkeit besteht darin die Schwermetallionen in einem Substrat, das diese mehr oder weniger selektiv bindet, anzureichern und sie dann mit einem anderen wahrscheinlich elektrochemischen Verfahren daraus zu entfernen.

Normale Kationentauscher können nicht verwendet werden, da sie auch auf Alkali- und Erdalkalimetallionen ansprechen, welche aufgrund ihrer Häufigkeit die Schwermetallionen in einem zu großen Maße verdrängen.

Schwermetalle gehen aber im Gegensatz zu den meisten Alkali- und Erdalkalimetallen recht stabile Komplexbindungen ein und können so selektiv gebunden werden.

Dazu bieten sich Polymere an, die über funktionelle Gruppen verfügen, die mit freien Elektronenpaaren donative Elektronenbindungen eingehen können. Diese Polymere müssen allerdings auch so beschaffen sein, dass sie ähnlich wie Ionomere Wasser in ihre Polymermatrix eindringen lassen, um den Schwermetallionen die Möglichkeit zu geben sich in das Polymer einzulagern. Wenn die Synthese des Polymers in Anwesenheit einer ausreichenden Menge Übergangsmetallsalz stattfindet, entsteht automatisch ein Polymerkomplex, der die Eigenschaft aufweist, aber schon mit Metallionen beladen ist. Deswegen muss dieser erst, elektrochemisch oder durch Behandlung mit sehr starken Liganden von den gebundenen Metallionen befreit werden.

Allerdings binden solche Polymere nicht nur giftige Schwermetallionen, sondern auch nicht toxische Übergangsmetallionen wie Eisen. Dies sollte sich durch Verwendung dafür optimierter Polymerliganden allerdings deutlich einschränken lassen.

Außerdem muss auch hier sichergestellt werden, dass die Bindungen stabil genug sind, um die Schwermetallionen sicher im Polymer zu halten.

Mit diesem Problem setzte sich Alexander Rether in seiner Doktorarbeit „Entwicklung und Charakterisierung wasserlöslicher Benzoylthioharnstofffunktionalisierter Polymere zur selektiven Abtrennung von Schwermetallionen aus Abwässern und Prozesslösungen"[3] auseinander.

Diese Polymere gewährleisten nicht nur eine vollständige Absorption der Schwermetalle, sondern geben diese darüber hinaus durch Ansäuern wieder ab, sodass sowohl das Polymer als auch die Metallreste wiederverwertet werden können.[4]

5.2 Mechanisch feste Lösungen

Mit mechanisch festen Lösungen sind Stoffe gemeint, die sich chemisch wie eine Lösung verhalten, mechanisch aber einen kompakten Feststoff darstellen. Sie können zu einer Lösung dazugegeben werden, um irgendeine chemische Reaktion ablaufen zu lassen und können dann durch einfaches Herausziehen wieder entfernt werden. Das ist sehr praktisch, wenn ein gelöster Stoff vollständig in einen anderen umgesetzt werden soll, aber nicht mit einem zweiten Reaktionsprodukt oder Resten einer Hilfsreagenz verunreinigt werden darf.

Mechanisch feste Lösungen unterscheiden sich von an porösen Oberflächen absorbierten Stoffen, da sie echte chemische Bindungen zur Polymermatrix aufweisen.

Wie kann so eine feste Lösung aussehen? Zunächst einmal ist der gelöste Stoff wichtig: Übergangsmetallsalze. Außerdem benötigt es ein Lösemittel in den allermeisten Fällen Wasser und dann eine Polymermatrix, die die Metallionen mechanisch zusammenhält.

Für die Metallion gibt es nur eine Voraussetzung, sie müssen Komplexbindungen eingehen können.

An das Polymer werden folgende Anforderungen gestellt:

Es muss eine ausreichende mechanische Stabilität aufweisen um gut handhabbar zu sein, aber gleichzeitig porös genug sein, damit die eingelagerten Metallionen mit dem Lösemittel und potentiellen Reaktionspartner in Kontakt kommen können. Da an jeder Molekülkette Metallionen hängen, sollte das Lösemittel jede einzelne benetzen.

Außerdem muss es möglichst stark an die Metallionen binden um eine Auswaschung oder einen Austausch gegen andere zu verhindern. Deswegen sollten die Ionen maximal koordiniert sein.

Darüber hinaus sollte es natürlich den Reaktionsbedingungen am Einsatzort standhalten und möglichst inert sein, um störende Nebenreaktionen auszuschließen.

3) [1] Titel

4) Vgl. [1] 157

Statt den Kunststoff mit einem Edukt einer Reaktion zu beladen, kann natürlich auch ein Katalysator in den Komplex eingefügt werden. Dadurch ist es möglich homogene Katalyse mit einem Katalysator durchzuführen, der sich als Feststoff heterogen zu Reaktionslösung verhält.

Damit ist ein bei vielen Synthesen auftretendes Problem, dass die Edukte mit dem Katalysator vermischt sind und dieser erst aufwendig abgetrennt werden muss, gelöst.

Zu diesem Zweck untersuchten das Team um Wolfgang Beck, ob bestimmte Übergangsmetallkomplexe verschiedener Polystyroldiverate als Katalysator geeignet sind. Das Polystyrol war um folgende funktionelle Gruppen erweitert: Diphenylposphin-Gruppen, Diphosphinmethylgruppen und heterocyclen stickstoffhaltigen Gruppen. Außerdem beschreiben sie wie diese Komplexe hergestellt werden können.[5]

5.3 Aufbewahrung von Stoffen

Viele Stoffe besonders Metallionen bestimmter Oxidationsstufen sind, wenn sie frei vorliegen, unbeständig, als Teil eines Komplexes hingegen sind sie beständig. Da liegt es nahe diese Stoffe als Komplexe zu lagern. Für die Lagerung ist es von Vorteil, wenn der Stoff bestimmte Eigenschaften aufweist: Stabilität gegen Zersetzung und Umwelteinflüsse, minimaler Platzbedarf und minimales Gewicht, geringes Gefahrenpotential und Lagerfähigkeit in möglichst einfachen Gefäßen. Hier sind solide Feststoffe ideal, da sie an sich überhaupt keine Gefäße benötigen, so können sie auch in winzigen Mengen zum Beispiel als Oberflächenbeschichtung eingesetzt werden.

Eine Gruppe von Mitarbeitern der BASF hat einen Polymerkomplex entwickelt, der zur Aufbewahrung von Wasserstoffperoxid in fester Form dient.[6]

5) Vgl. [4]
6) Vgl. [3] 567 f.

5.4 Nass formbare Duroplaste

Die allermeisten Kunststoffprodukte werden aus Thermoplasten gefertigt, die durch einfaches Erhitzen formbar werden. Für Hochtemperaturanwendungen sind diese Produkte allerdings nicht geeignet, sie würden schmelzen. Momentan verwendet man in solchen Einsatzorten die nicht schmelzbaren Duroplaste, diese müssen aber gleich bei der Synthese in die gewünschte Form gebracht werden. Auf Basis von Kunststoffkomplexen sind alternativ auch Duroplaste möglich, die mit Wasser suspendiert werden können, so formbar werden und durch Trocknen wieder aushärten. Es handelt sich also um Duroplaste, die sich genauso leicht formen lassen wie Thermoplaste. Natürlich müssen Polymere gewählt werden, die erst bei ausreichend hohen Temperaturen verkohlen.

6 Zusammenfassung

Diese Arbeit befasst sich mit Kunststoffkomplexen, welche zunächst in Polymerkomplexe, bestehend aus einem Polymer, an das über Komplexbindungen Metallteilchen gebunden sind, und in Polymere Komplexe, Makromoleküle in denen abwechselnd mindestens zweizähnige Liganden über Metallionen miteinander verbunden sind, unterschieden werden. Die Liganden müssen so gebaut sein, dass ihre beiden Komplexbindungen nicht zum selben Zentralteilchen weisen können.

Der Schwerpunkt liegt auf den Polymerkomplexen, die am Beispiel des Polyamid-Eisen-Komplexes genauer beschrieben werden. Dieser lässt sich mittels Grenzflächenkondensation aus Butandisäure, Diaminohexan und Eisenchlorid herstellen. Dabei bindet eine Repetiereinheit des Kunststoffes maximal 2 Eisenionen.

Der dabei gebildete Feststoff weist eine orangerote Farbe auf, im nassen Zustand ist er weich, formbar, und transparent, außerdem elektrisch leitend. Er lässt sich gut in Wasser suspendieren.

Lässt man ihn jedoch trocknen wird er hart, spröde und undurchsichtig wie ein Duroplast; bei höheren Temperaturen verkohlt er schließlich.

Der Komplex ist unlöslich in allen gängigen Lösemitteln wie auch in Wasser, zeigt aber deutlich hydrophilen Charakter.

Er nimmt an Redoxreaktionen in wässriger Lösung teil, genauso wie es auch gelöstes Eisenchlorid täte.

Gibt man zum Polymerkomplex verschiedene niedermolekulare Liganden hinzu, verändert sich dessen Farbe. Das Polyamid hat dabei nur einen sehr geringen Einfluss auf die Farbigkeit. Von allen getesteten Liganden war nur Ammoniak stark genug um eine nennenswerte Menge Eisen aus dem Polymerkomplex in die Lösung zu ziehen.

Wird dieser Säuren oder Laugen ausgesetzt, hydrolysiert er abhängig von der Konzentration unterschiedlich schnell.

Liganden bilden eine umso stabilere Bindung mit einem Zentralteilchen aus, je stärkere Lewis-Basen sie sind, und je intensiver die ionische Wechselwirkungen zwischen den beiden sind.

Kunststoffkomplexe sind für viele Anwendungen interessant. Als Ligand geeignete Polymere können beispielsweise Schwermetalle selbst dann aus Abwässern zuverlässig herausfiltern, wenn diese in sehr niedriger Konzentration vorliegen.

Außerdem ist es möglich gelöste Stoffe mit Metallsalzen reagieren zu lassen, ohne dass die Lösung von Reaktionsprodukten oder Metallsalzüberschüssen verunreinigt wird. Dazu müssen die Metallsalze nur in einem Polymerkomplex gebunden sein.

Man kann auch instabile Stoffe in Form besser lagerbarer Kunststoffkomplexe aufbewahren.

In wasserfreier Form treten die meisten Polymerkomplexe als Duroplaste auf, mischt man sie jedoch mit Wasser, werden sie weich und formbar. Durch anschließendes Trocknen lassen sich so Produkte aus Duroplasten herstellen, ohne dass man gezwungen ist, sie direkt in der gewünschten Form zu synthetisieren.

Kunststoffkomplexe weisen offensichtlich ein breites Spektrum an Anwendungsmöglichkeiten auf, wahrscheinlich könnten sie sich in einigen Bereichen ebenso selbstverständlich etablieren wie ihre natürlichen Verwandten.

7 Anhang

Coulometrie

Für die Untersuchung der Zusammensetzung der verschiedenen Polymerkomplexe war es erforderlich die nicht umgesetzte Metallionenkonzentration im Filtrat genau zu bestimmen. Da der Messfehler bei Titrationen zu groß wäre, wurde hierfür ein coulometrisches Verfahren verwendet.

Versuchsaufbau: Zwei Reaktionsgefäße werden durch ein Diaphragma, hier einen Streifen Filterpapier, ionenleitend verbunden. In jedem Gefäß befindet sich eine Graphitelektrode. Die Stromversorgung erfolgt über ein geregeltes Labornetzteil. Zur Messung der umgesetzten Ladung wurde ein Ampermeter verwendet, welches die Messwerte an einen Computer weitergab.

Durchführung: Die zu untersuchende Lösung wird mit konzentrierter Natriumsulfatlösung auf das Zwanzigfache verdünnt. Das Natriumsulfat dient als Leitsalz. Es sorgt für ein gleichmäßigeres Elektrisches Feld, die verfügbare Elektrodenfläche wird bestmöglich genutzt und die Reaktanden werden schneller umgesetzt. Das Verdünnen ist erforderlich, da Coulometrie als spuren- oder ultraspurenanalytische Methode im Laufe mehrerer Stunden höchstens einige Hundertstel mol umzusetzen vermag.

Von der so vorbereiteten Lösung werden anschließend 20 ml in das kathodenseitige Reaktionsgefäß gegeben. Das anodenseitige wird mit derselben Menge Natriumsufatlösung gefüllt. Anschließend legt man eine konstante Gleichspannung an, für Eisen 0,9-1,1 Volt. Das elektrische Feld hält die Fe2+ Ionen im Kathodenraum, So wird verhindert, dass sie an der Anode wieder oxidiert werden und das Messergebnis verfälschen. Außerdem wird der fließende Strom über die komplette Dauer des Experiments gemessen und aufgezeichnet. Dieses endet, wenn der Strom auf einen vorher bestimmten Ruhewert absinkt. Durch Integrieren erhält man hinterher die Ladung, aus welcher sich nach dem Faradayschen Gesetz die umgesetzte Stoffmenge berechnen lässt. Störende Nebenreaktionen lassen sich durch eine geeignete Wahl der Elektrolysespannung verhindern.

Bilder

Abb. 1

Der durch Grenzflächenkondensation gewonnene
Polyamid-Eisen-Komplex trübt die wässrige Phase.

Abb.2

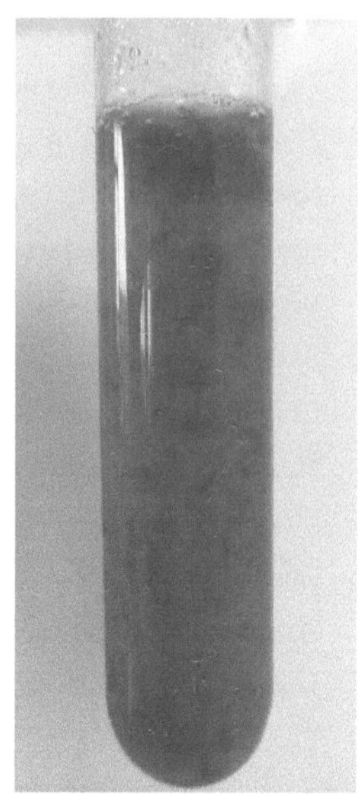

Wässrige Suspension des Polyamid-Eisen-Komplexes

Abb. 3

Trockene Form des Polyamid-Eisen-Komplexes

Abb. 4

Polyamid-Eisen-Komplex mit zusätzlichen Liganden, von links nach rechts: Wasser, Chlorid, Thiocyanat

Abb. 5

Abb. 6

Polyamid-Eisen-Komplex mit Lösungen verschiedener Übergangsmetallsalze

Direkt nach dem Zusammenschütten

Nach 10 Minuten

8 Literaturverzeichnis

1. Dissertationen

[1] Alexander Rether, Entwicklung und Charakterisierung wasserlöslicher Benzoylthioharnstofffunktionalisierter Polymere zur selektiven Abtrennung von Schwermetallionen aus Abwässern und Prozesslösungen, München 2002.

[2] Silke Winter, Koordinationspolymere auf der Basis neuer oligofunktioneller Pyridinliganden - Synthese, Charakterisierung und Anwendungspotenzial, Freiberg 2003

2. Patentschriften

[3] Dr. Jörg Breitenbach/Dr. Bernhard Fussnegger/Dr. Siegfreid Lang/Hans-Bernd Reich, Polymer-Wasserstoffperoxid-Komplexe, German Patent DE19640365,1996

3. Zeitschriftenartikel

[4] Wolfgang Beck/Roland Höfer/Jürgen Erbe u.a., Koordinationspolymere auf der Basis neuer oligofunktioneller Pyridinliganden - Synthese, Charakterisierung und Anwendungspotenzial In: Zeitschrift für Naturforschung 29 (1974), S. 567-568.

4. Internetseiten

[5] Chemie.de, http://www.chemie.de/lexikon/Polyamide.html#Nylon, letzter Zugriff 27.09.2017